A ESCAVADEIRA
DE ESTEIRA
FLAVIA STIEGLER HABOWSKY
CB023808

Catalogação na Fonte
Elaborado por: Josefina A. S. Guedes
Bibliotecária CRB 9/870

H116e
2024

Habowsky, Flavia Stiegler
A escavadeira de esteira / Flavia Stiegler Habowsky.
1. ed. – Curitiba: Appris, 2024.
20 p.: il. color. ; 16 cm.

ISBN 978-65-250-5807-8

1. Literatura infantojuvenil. 2. Tratores. 3. Máquinas. I. Título.

CDD – 028.5

Editora e Livraria Appris Ltda.
Av. Manoel Ribas, 2265 – Mercês
Curitiba/PR – CEP: 80810-002
Tel. (41) 3156 - 4731
www.editoraappris.com.br

Printed in Brazil
Impresso no Brasil

FICHA TÉCNICA

FLAVIA STIEGLER HABOWSKY

A ESCAVADEIRA DE ESTEIRA

Dedicado à minha família.

A ESCAVADEIRA ERA UMA MÁQUINA
GRANDE, FORTE E BEM AMARELINHA.
MOVIA-SE SOBRE SUAS ESTEIRAS
E TINHA UMA CONCHA QUE PODIA
CAVAR IMENSOS BURACOS.

TODOS OS DIAS, BEM CEDINHO, LÁ ESTAVA ELA, PRONTA PARA O TRABALHO...

QUE SÓ TERMINAVA AO ANOITECER.

EM UM CERTO DIA, ENQUANTO CAVAVA, A ESCAVADEIRA DESLIZOU E CAIU DENTRO DE UM BURACO CHEIO DE LAMA. AO TENTAR SAIR, PERCEBEU QUE SUA ESTEIRA TINHA ESTRAGADO.

ELA ESTAVA ASSUSTADA E NÃO SABIA COMO RESOLVER. ENTÃO, SE LEMBROU DE USAR SUA BUZINA PARA PEDIR AJUDA:

"BIP BIP BIP!"

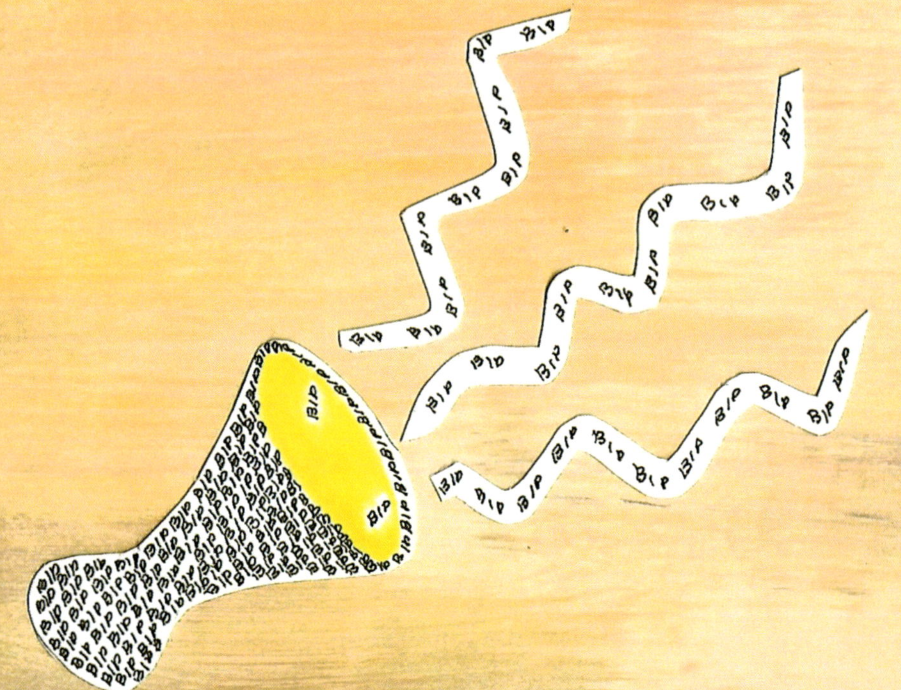

LOGO, UM TRATOR VERMELHO FOI SE APROXIMANDO PARA AJUDAR. ELE AMARROU UMA CORDA E COMEÇOU A PUXAR, MAS A CORDA ERA FRACA E ARREBENTOU.

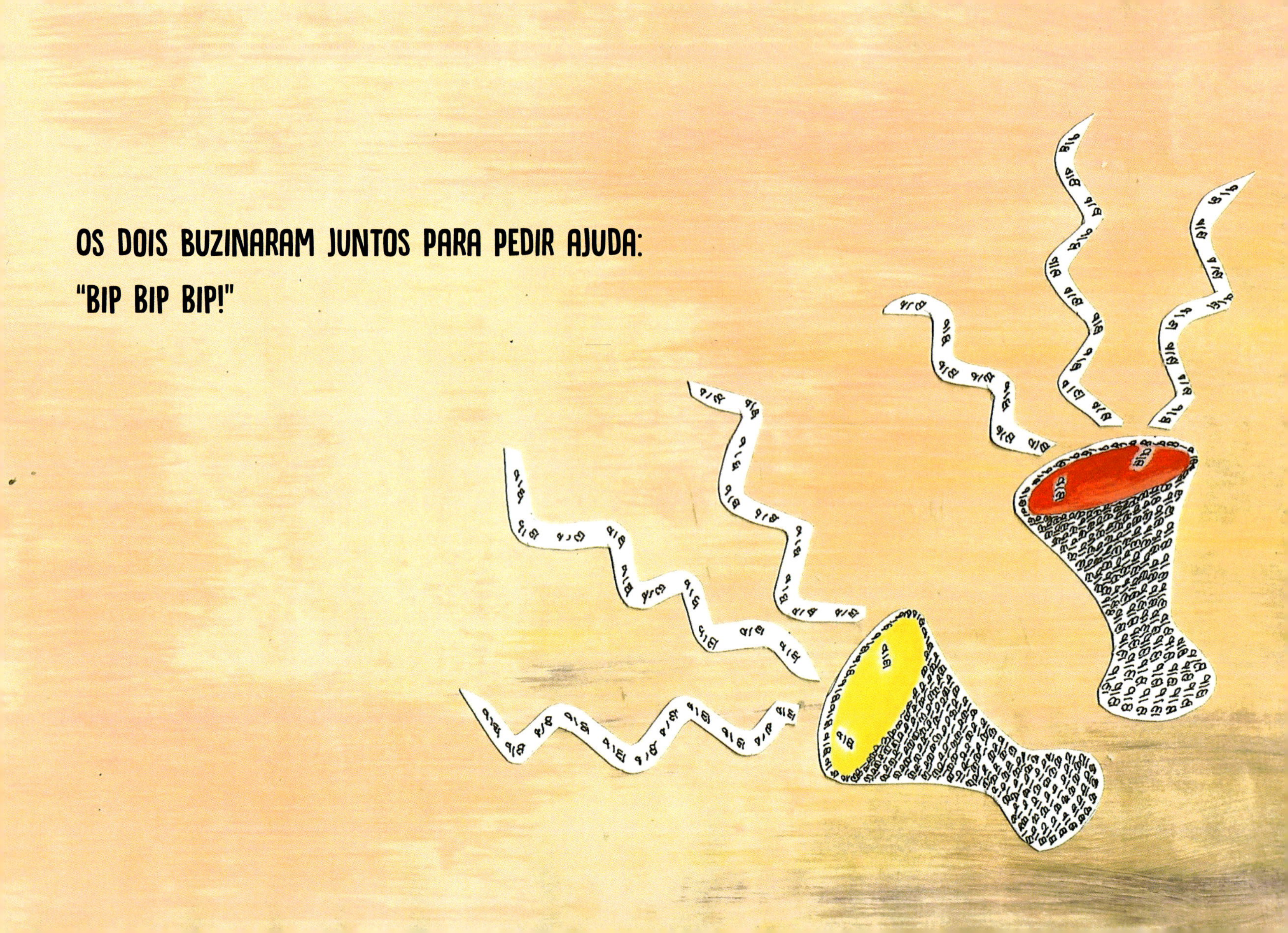

OS DOIS BUZINARAM JUNTOS PARA PEDIR AJUDA:

"BIP BIP BIP!"

LOGO APARECEU UM TRATOR VERDE PARA AJUDAR.
ELE AMARROU UMA CORDA E COMEÇOU A PUXAR,
MAS A CORDA ERA FRACA E ARREBENTOU.

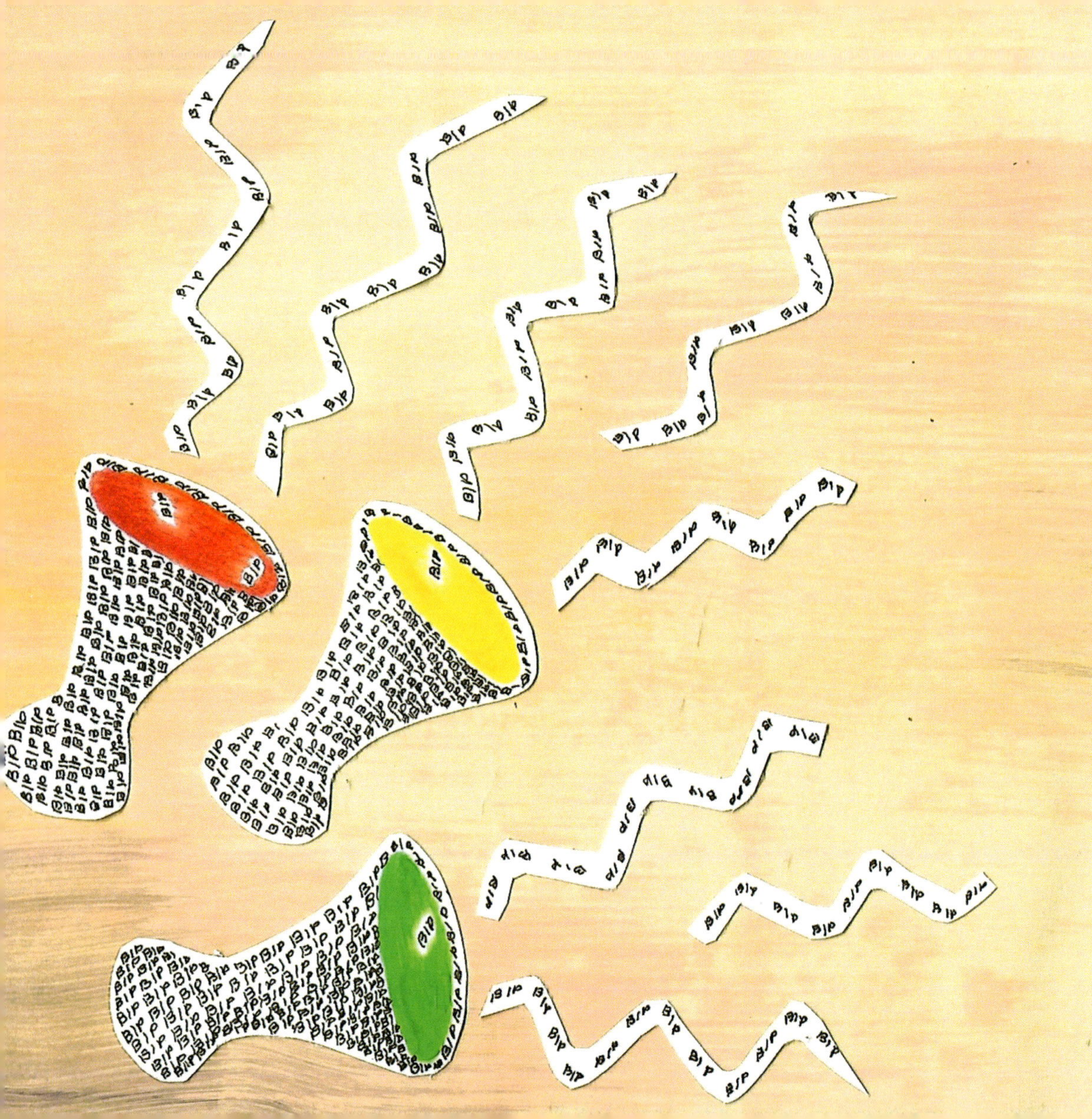

OS TRÊS BUZINARAM JUNTOS
PARA PEDIR AJUDA:
"BIP BIP BIP!"

DEPOIS DE ALGUM TEMPO, APARECEU
UM CAMINHÃO AZUL PARA AJUDAR.
ELE TAMBÉM AMARROU UMA CORDA E
COMEÇOU A PUXAR, MAS A CORDA ERA
FRACA E NOVAMENTE ARREBENTOU.

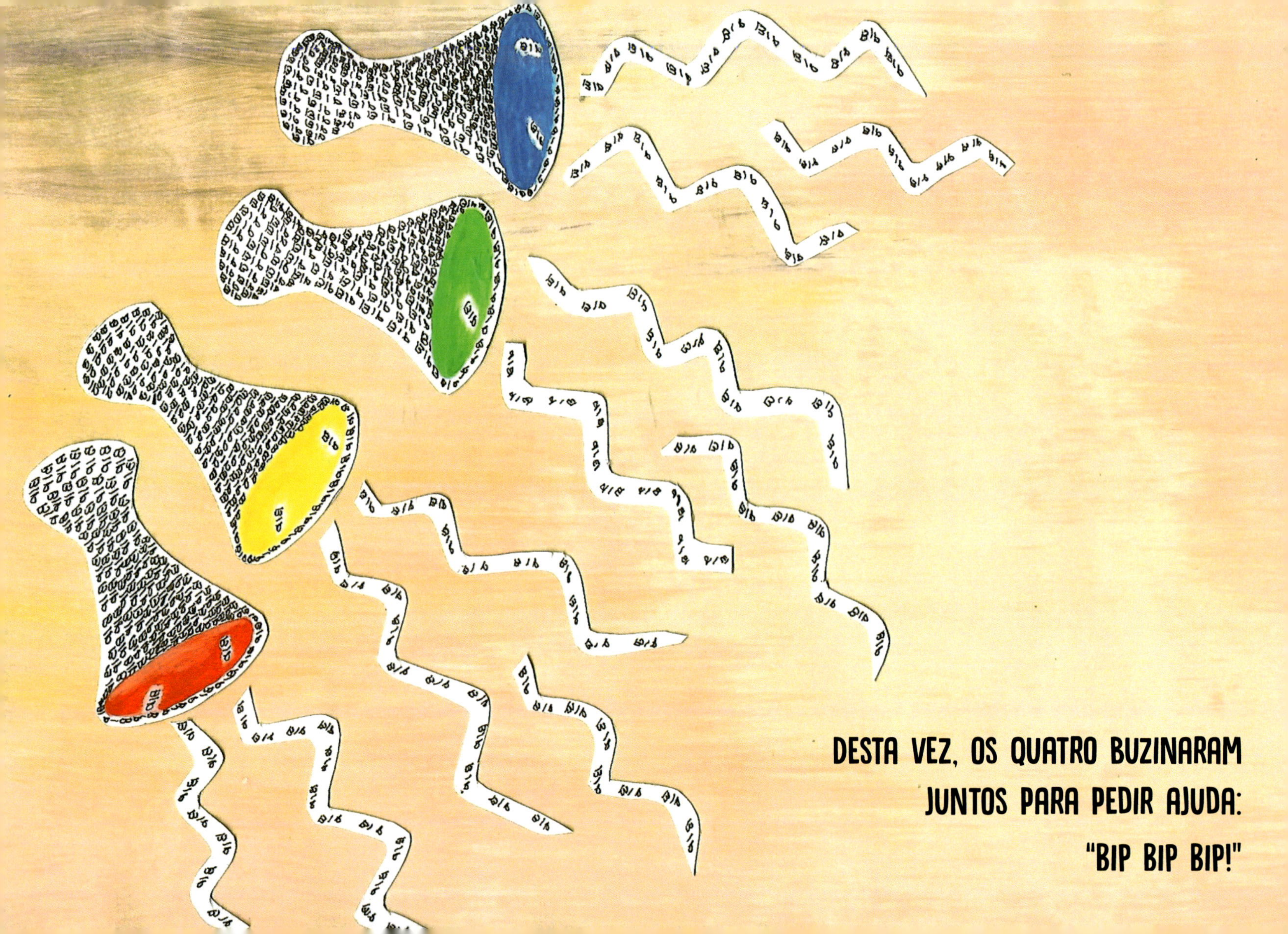
DESTA VEZ, OS QUATRO BUZINARAM
JUNTOS PARA PEDIR AJUDA:
"BIP BIP BIP!"

EM ALGUNS INSTANTES, APARECEU UM GUINCHO LARANJA PARA AJUDAR. ELE TROUXE UMA CORRENTE. A CORRENTE ERA FORTE, MAS O GUINCHO SOZINHO NÃO CONSEGUIA PUXAR A ESCAVADEIRA DO BURACO CHEIO DE LAMA.

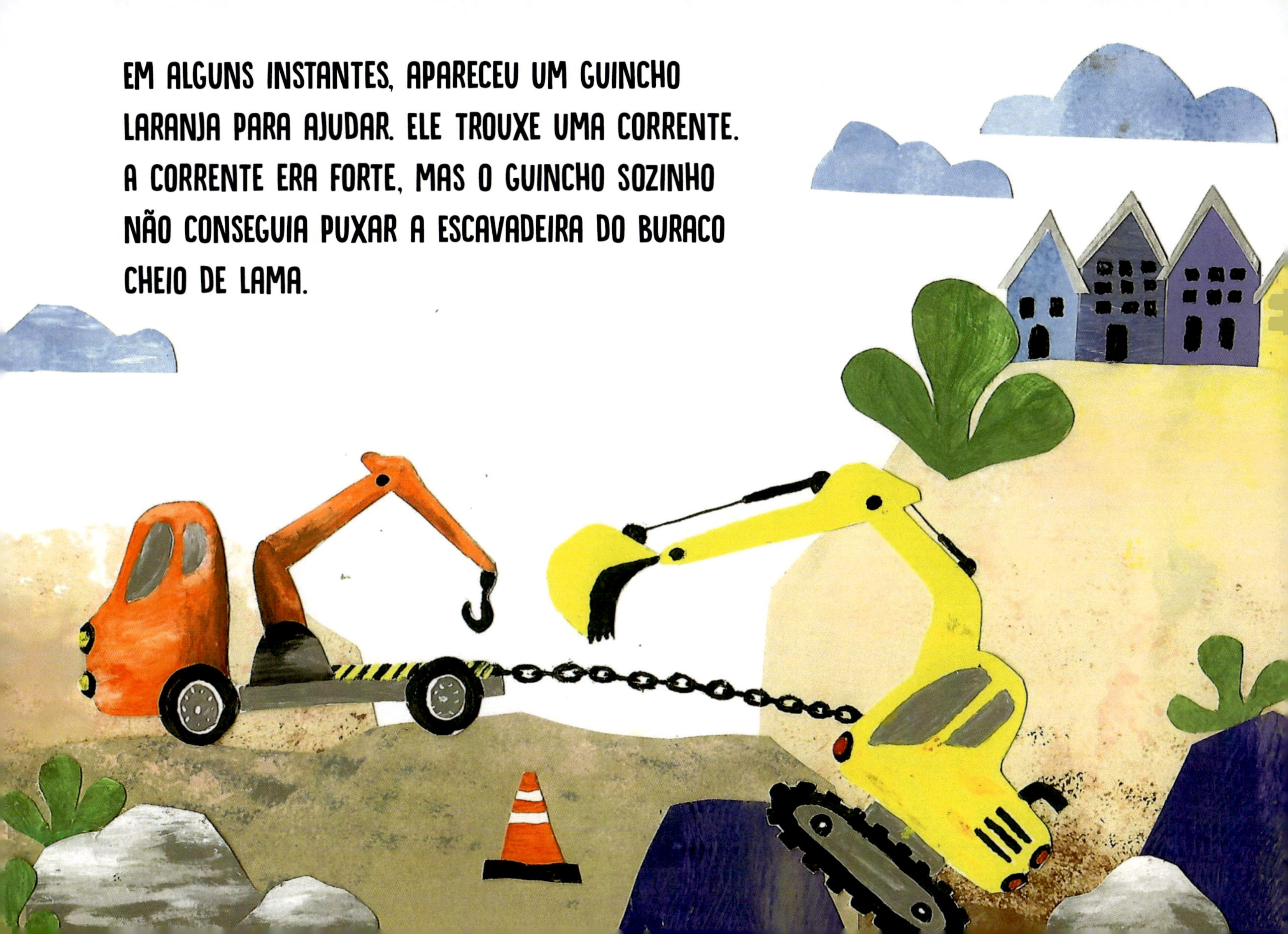

O GUINCHO NÃO SABIA COMO RESOLVER ESSA QUESTÃO. ELE PENSOU, PENSOU, E DE REPENTE PERCEBEU QUE TODOS QUE ESTAVAM ALI PODERIAM AJUDAR.

O GUINCHO PASSOU A CORRENTE POR CADA UMA DAS MÁQUINAS E, VRUMMM, TODOS ACELERARAM COM FORÇA.

A CORRENTE NÃO ARREBENTOU E FINALMENTE CONSEGUIRAM PUXAR A ESCAVADEIRA PARA FORA DO BURACO.

ELES BUZINARAM JUNTOS
E FELIZES PARA COMEMORAR:
"BIP BIP BIP!"